海南热带雨林国家公园

风景名胜图册

张哲　宋希强　主编

中国林业出版社
·北京·
海南出版社
·海口·

编委会

主　任：黄金城

副主任：李新民　高述超　李开文　刘　强
周绪梅　周亚东

顾　问：符宣国

主　编：张　哲　宋希强

副主编：李清雪　张翠利　陈枳衡　李大程

编　委：苏文学　罗孝平　赵　磊　罗　蕊
李孝宽　何　聪　李豪洋　王　琴
李焕才　单昱衡　张辰罡　于旭东
张中扬　昌秋霞　迟　静　李霖明
李榕涛　杜彦君　邱梓轩　杨泽秀

摄　影：孟志军　吴文生　王庆贵　宋希强
张　哲　陈枳衡　钟云芳　韩嫒嫒
张中扬　卢　刚　莫昌炼　蔡智先
黄学良　张翠利　李　禾　陈　庆
李清雪　廖高峰　林　江　刘塬圳
米红旭　徐　威　张运健　陈駷嶂

审　校：钟云芳　李焕才

编委会成员单位：
海南热带雨林国家公园管理局
海南大学
海南大学热带雨林国家公园研究院

封面摄影：孟志军

函套底图摄影：陈駷嶂

俄贤岭 张中扬 摄

序

2021 年 10 月 12 日，习近平主席在联合国《生物多样性公约》第十五次缔约方大会上宣布：中国正式设立三江源、大熊猫、东北虎豹、海南热带雨林、武夷山第一批国家公园。海南热带雨林国家公园位于海南岛中南部，是亚洲热带雨林和世界季风常绿阔叶林交错带上唯一的“大陆性岛屿型”热带雨林。它是我国热带雨林的典型代表，以中部地区的五指山、鹦哥岭为中心，往东南方向的吊罗山、西南方向的尖峰岭、西向的霸王岭和北向的黎母山等区域辐射，涵盖了五指山、鹦哥岭、猴猕岭、尖峰岭、霸王岭、黎母山、吊罗山等著名山体，被称为“海南屋脊”，南渡江、昌化江、万泉河等海南主要河流均发源于此，被誉为“海南水塔”。从海拔 45 米到海拔 1867 米，从东经 108° 到东经 110°，这里孕育出了独特的生物多样性，被誉为“热带北缘生物物种基因库”。当海南中部山区复杂的地质地貌、热带雨林生态系统与热带海洋性季风气候条件相融合，海南热带雨林国家公园如此独特、多样化的宝贵景观资源便浑然天成。

《海南热带雨林国家公园风景名胜图册》一书是海南热带雨林国家公园成立后由海南热带雨林国家公园管理局组织编写的第一本正式面向公众的风景图册，也是展示国家林业和草原局，尤其是海南省委省政府举全省之力强力推进海南热带雨林国家公园建设的一个缩影。本图册由海南大学宋希强教授团队担纲创作，内容丰富。木棉花开让你知春，吊罗水景让你觉夏，五指山红叶让你感受秋意盎然，俄贤岭云海让你仿若置身冬之雪原，让人在四季时空里畅游享受，在俊秀山川间逍遥遨游。斗转星移、日月同辉、苍茫云海、空谷氤氲等诸多美景也让人身临其境般地感受到“置身天地外，放眼水云中。仙境初疑接，尘心到此空”的洒脱。雨林奇观的纳入也让人眼前一亮，这是热带雨林的特色，也是很少人能够实地接触的景观，让人有了“雨林深呼吸”的冲动。本图册还将古诗和风景进行融合，并请到知名作家、学者辅以对应的文字解读，精彩的诗词歌赋将阅读体验提升了一个层次。

翻阅本图册能带给你一种非常快乐的体验，也为繁忙的生活注入一股清流，让你“身处喧嚣，神在青绿”。本图册的出版，不仅为全面展示海南热带雨林国家公园风貌提供一个窗口，也能为众多读者带来不一样的身心体验。期待本图册的出版能够引起大众对海南热带雨林国家公园的更多关注，共同守护这片自然瑰宝。

乐为序！

章新胜 Xin Zhang

世界自然保护联盟（IUCN）总裁兼理事会主席（2012.9—2021.9）
联合国教科文组织（UNESCO）执行理事会主席（173—177 届）
海南国家公园研究院资深专家

卷首语

海外风光别一家，
四时杨柳四时花。

这是明朝琼州知府方向《海南杂咏》中的一首七言绝句古诗《海南风景》的诗句，诗中生动地记录海南岛得天独厚的气候风光。

海南岛位于祖国南端，坐落于浩瀚的南海之中，四面烟波万里，碧浪连天。海南岛是祖国的宝岛，又被誉为南国明珠。这里四季常绿，阳光灿烂，气候宜人。登上海南岛，气象万千，犹如进入了人间仙境。岛上树木千姿百态，繁茂葱茏，绿叶如盖；到处青草依依，连绵千里；奇花异卉泛红播紫，斗妍争艳;江河碧水漫漫，纵横交错，百转千回，宛若无数白练飘落绿野。那山更是奇伟壮观，又或灵秀俊美。霸王岭雄浑大气，五指山陡峭挺拔，鹦哥岭精巧秀丽，黎母众山宝气升腾，吊罗山水气氤氲，尖峰岭烟雾缭绕……还有喀斯特地貌营造出奇崛峥嵘的峰岳、魔幻奇妙的山洞和地下石窟。更让人叹为观止的是地上走兽种类繁多，不时出没，山中百鸟争鸣，天上飞禽翱翔。

海南岛如此美丽迷人，很大程度上得益于热带雨林气候的恩赐，有热带的气温润泽，有饱和的阳光沐浴，有酣畅的海风拂吹，有充足的雨水滋养，所以山明水秀，万物生长。这里种质资源极其丰富，每年都有新物种被发现。

为了揭开海南热带雨林国家公园的神秘面纱，将这一世间瑰宝展示给世人，我们召集了一群有热血、有情怀的摄影师，深入热带雨林腹地，攀上陡峭高山，步入深幽峡谷，驻扎在森林野地数月，穿迷雾，观岚光，与鸟兽做伴，用相机揭开原始森林的秘密，这一壮举又吸引了众多知名摄影师，他们纷纷提供了宝贵的影像资料。我们又请来科学界的专家学者参与，在科学性方面把关护航，还请来知名作家协助文字撰写，力争做到尽善尽美。于是，这本历数海南热带雨林的绝美风景名胜图册便应运而生。希望这本图册给世人展示美的同时，让世人对热带雨林更加了解、更加关注，从而更加爱护。

全体编者

2022 年 1 月

日出云海　俄贤岭岭口风光　吴文生　摄

前言

海南热带雨林国家公园位于海南岛中南部，跨五指山市、琼中黎族苗族自治县（以下简称“琼中”）、白沙黎族自治县（以下简称“白沙”）、昌江黎族自治县（以下简称“昌江”）、东方市、保亭黎族苗族自治县（以下简称“保亭”）、陵水黎族自治县（以下简称“陵水”）、乐东黎族自治县（以下简称“乐东”）、万宁市 9 个市县，公园总面积 4269 平方千米，森林面积 4092 平方千米，涵盖了海南岛 95% 以上的原始林和 55% 以上的天然林，是中国分布最集中、保存最完好、连片面积最大的热带雨林，是世界热带雨林的重要组成部分，具有国家代表性和全球性保护意义。

海南热带雨林国家公园地处全球 34 个生物多样性热点地区之一的印度—缅甸区，是全岛的生态制高点，是海南岛森林资源最为富集的区域，记录到野生维管植物 3653 种（国家一级重点保护野生植物 6 种，海南特有种 419 种），其中有坡垒、青梅、斯里兰卡天料木、海南紫荆木、降香、土沉香等名木；记录到陆栖脊椎动物 540 种（国家一级重点保护野生动物 14 种，海南特有种 23 种），是海南长臂猿在全球的唯一分布地，生物多样性指数最高达 6.28，与巴西亚马孙雨林相当。海南的崇山峻岭如五指山、鹦哥岭、猴猕岭、俄贤岭、尖峰岭、霸王岭、黎母山、吊罗山等著名山体均在其范围内，被称为“海南屋脊”；南渡江、昌化江、万泉河等海南主要河流均发源于此，又被誉为“海南水塔”。

海南热带雨林国家公园常住人口达 2.43 万人，主要是黎族和苗族，民风淳朴、文化独特、风情浓郁，黎族、苗族歌舞异彩纷呈，黎族文身古老神秘。6 万年前古人类遗址钱铁洞、船形屋营造技艺、黎族民歌、三月三节庆等被列入国家级非物质文化遗产保护名录，黎族传统纺染织绣技艺（黎锦）被联合国教科文组织选入首批急需保护的非物质文化遗产保护名录。

海南热带雨林国家公园牢固树立和全面践行“绿水青山就是金山银山”的生态文明理念，秉承生态保护第一的理念，坚持山水林田湖草沙系统治理，保持自然生态系统原真性和完整性，保护生物多样性，保护生态安全屏障，为当代人提供优质生态产品，给子孙后代留下珍贵的自然遗产，实现国家所有、全民共享、世代传承。

全体编者

2022 年 1 月

目录

霸王岭·远山淡影

雾锁山头，

看长空流云飞去。

五指山·日出朝霞

金鳞漫展南天幕，
绿野遍攀五指峰。

五指山·七彩雨林
珠崖本无秋风至，
漫山染尽总是春。

昌化江·江畔日出

昌化江畔，霞光初上，
江面如镜，映照千年岁月。

霸王岭·田间春意

暮春时节红棉花重，
陇上田间青苗初盛。

俄贤岭·小桂林

桂林山水

群峰倒影山浮水，
无水无山不入神。

清·吴迈

俄贤岭·云海风光

岚光隐现迷人眼，
峻岭高低托彩云。

鹦哥岭·山顶矮林

云山雾罩翠林间，峰顶高处也凄寒。
林树也觉春意冷，帖藓粘苔作新裳。

五指山·牙胡梯田

回环旋转绕山腰，
春来时，水满田畴，光影滟滟；
夏来时，禾苗滋长，绿意盈阶；
四季皆好景。

霸王岭·雨林深处

身处原始森林，静谧浩瀚，
高大壮阔的绿树淹没了人间气，
虫鸣鸟叫，似潮水席来，
敬畏之情油然而生。

霸王岭山景

热带雨林

热带雨林是地球上一种常见于赤道附近热带地区的森林生态系统，主要分布于东南亚、澳大利亚北部、南美洲亚马孙河流域、非洲刚果河流域、中美洲和众多太平洋岛屿。

热带雨林是地球上抵抗力稳定性最高的生态系统，常年气候炎热，雨量充沛，季节差异极不明显，生物群落演替速度极快，是世界上超过 50% 的动植物物种的栖息地。热带雨林无疑是地球赐予所有生物最为宝贵的资源之一。由于有超过 25% 的现代药物是由热带雨林植物所提炼，所以热带雨林被称为“世界上最大的药房”。同时由于众多雨林植物的光合作用净化地球空气的能力尤为强大，其中仅巴西亚马孙热带雨林产生的氧气就占全球氧气总量的 1/3，故有“地球之肺”的美誉。热带雨林主要的作用是调节气候，防止水土流失，净化空气，保证地球生物圈的物质循环有序进行。

我国热带雨林主要分布在台湾省南部、海南岛、云南省南部河口和西双版纳地区，在西藏自治区墨脱县境内也有分布。但以云南省的西双版纳和海南岛最为典型。

由于我国的热带雨林是世界热带雨林分布的最北缘，受热带季风气候限制，仅在局部湿润环境（如沟谷、山地）有小片分布，并呈现出季节性特征。以具有龙脑香科的种类为热带雨林标志，优势种类以桑科、大戟科、桃金娘科、梧桐科及棕榈科等的种类组成。附生植物、龙脑香科等热带雨林标志性物种的种类和个体数量虽不如东南亚典型热带雨林，但也浓缩了全球热带气候全部的植被类型，并分布着亚热带地域的物种，成为“热带北缘生物物种基因库”。

雨林赋

地上根，尖芋叶，沧桑的树皮，兰蕨空中歇。
茎开花，干生果，舞动的树冠，藤萝朝天网。

啬青斑蝶聚集越冬

海南岛被中国分布面积最大的连片热带雨林覆盖着，由于热带季风气候、岛屿面积和海拔高跨度等特点，垂直分带明显，岛上植被类型复杂，拥有丰富的生物多样性，造就了许多独特的热带雨林奇观，如独木成林、空中花园、高大板根、老茎生花等。从遍布岩石的低地丘陵，到溪流纵横的高山沟谷，复杂多样的地形地貌造就了形态万千的自然景观。

板根（帮助植物“站稳脚跟”）

板根，又称板状根，具有支撑、吸收营养和呼吸等功能，是大多数热带森林普遍存在的现象。热带雨林中的一些高大树木，其板根可达数米高、数米宽，形成巨大的侧翼，支撑着高大的树体，十分壮观，帮助植物争夺更多的阳光。

板根是高大乔木的一种特殊适应策略，可以很好地避免由于树冠宽大、树干上部沉重而导致“头重脚轻”的问题，有效地增强并支撑了地上部分，也可以抵抗大风、暴雨的袭击，更有保持水分的作用，解决了热带雨林中树木根系难以进入深层土壤而又要执行对地上部分的支撑作用这一两难问题。

A | B

绞杀

绞杀植物的果实被鸟类取食后，种子不被消化，被排泄在其他乔木上。在适宜的条件下，这些种子发芽，长出许多气生根来，长出的气生根沿着寄主树干爬到地面，并插入土壤，抢夺寄主植物的养分和水分。

这些气生根逐渐增粗并分枝，形成根网紧紧地把寄主树的主干箍住，这就是树缠树了。树缠树阻止了寄主植物的生长，随着时间推移，绞杀植物的气生根越长越多，越长越茂盛，而被绞杀的寄主植物终因外部绞杀的压迫和内部养分的缺乏而死亡、枯烂。绞杀植物的主干部分仅剩气生根围成的一圈，形似猪笼。

在热带雨林里，具有绞杀功能的榕树就有 20 余种。它们往往选择一些高大挺拔的寄主作为绞杀对象，这样可以较容易获得更广阔的生态位，而且寄主被绞杀死亡后也会提供更多的营养物质。绞杀现象是植物之间竞争的一个很残酷的事实，颇有动物界“鸠占鹊巢”的意思。

根抱石

简单来说，就是石树共生，通常是在热带或亚热带雨林中出现。根抱石淋漓尽致地体现出自然界共存共荣景象的自然奇观。在热带雨林中出现这种现象的通常是榕树庞大的树根缠绕着石头生长，最终气生根也会顺着石头不断生长，从而形成“根抱石”。

俗话说，独木难成林，但自然界唯有榕树能『独木成林』

独木成林

榕树在生长过程中，会在伸展的枝条上生出气生根。刚长出的气生根仿佛胡须一般细细长长，向下垂落，等它们落入土壤后就会逐渐增粗，慢慢成为支柱根。支柱根可以吸收水分和养料，同时还支撑着不断向外扩展的树枝，使原来的树冠不断扩大。

这些不断形成的支柱根就像许多只脚不断地开阔疆土，日复一日，形成了遮天蔽日、独木成林的壮观景象。

横亘于五指山雨林中的榼藤

巨藤飞舞

种类繁多的藤本植物为热带雨林增添了奇特曼妙的风景。依树蔓生的海南藤芋，茂密的蜈蚣藤，盘根错节、横亘雨林的榼藤等，共同构成了一幅幅雨林奇观。

它们争相攀爬接受阳光的洗礼，峭壁、山石或者茂盛的大树都是这些攀附植物的依靠。在热带雨林中常常见到茂盛的大树被攀附植物盘绕包围，从远处看就像一座座堡垒，预示着藤木对被攀附树种的依赖和侵犯。

藤缠树、树缠藤，景观万千，曼妙多姿，让这片雨林显得更加千姿百态。

空中花园

“空中花园”也称“树冠花园”，是指在雨林中的乔木，其地上部分具有众多种类的附生和攀缘植物栖息生长的现象。

雨林之中，因为树木通常非常高大，树冠浓密，透射到地面的阳光相对较少。而接近地面，又有大量的灌木、小乔木密集生长，多数低矮的草本植物就会难以获取足够的阳光。然而，树干、树冠上却有很多机会。因此，有一些“聪明”的低矮植物或攀缘植物，发现了这个绝佳的机会，慢慢进化出了离开地面、以树木为栖息之处的生存“绝技”壮丽的“空中花园” 景观因此而形成。

A

B

C

滴水叶尖

“滴水叶尖”是一种地理现象，也是一种美妙的自然界中的现象。

在热带多雨地区，雨水顺叶尖流下，形成滴水叶尖。滴水叶尖也是一个植物学名词，指叶尾细长，易含蓄水珠。

滴水叶尖能使叶片表面的水膜集聚成水滴流淌掉，使叶面很快变干，这样既有利于叶片的蒸腾作用，又避免一些微小的附生植物在叶片表面生长而妨碍其进行光合作用。

A
B

麒麟尾

巨叶植物

热带雨林中许多草本植物拥有巨大的叶子，有的大到可以容纳下数人在叶子下避雨，开阔的巨叶颇为壮观。

茂密的雨林中，光线常常被高大的乔木截取，林下的低矮植物仅能收集少许光线，因此雨林中的草本植物为适应弱光环境，进化出巨大的叶子去捕捉更多的阳光。

老茎生花

“老茎生花”的形成与热带雨林特殊的环境有关，是植物在进化中逐渐适应环境而形成的生物现象。热带雨林物种繁多，处于中、下层的树木在与上层植物争夺阳光时处于劣势，花朵也无法高占枝头吸引传粉者。因此，它们选择把花朵开在老枝和树干上相对空旷的位置，使得花朵更容易被昆虫发现和光顾，有利于其繁衍后代。此外，茎花现象便于输送养分、减少能量的消耗。同时，粗壮的树干也能承受果实的重压。

A
B

缤纷绚丽·云开雾霭

七彩雨林犹如彩虹一样多姿多彩，
而雨林七彩正是植物们的共同成果，
不仅给人们带来惊喜，
也给海南呈现一道美丽的风景线。

七彩雨林

四季如夏的海南岛热带雨林拥有着充足的阳光，绿色也在这片土地上变得如此的理所应当，令人惊奇的是，许多树木却选择在秋冬季节长出新叶，嫩红的叶片，配上秋季的红叶，在海南岛上绽放出了最大的艳丽。高空俯视，漫山的红叶，伴着云雾，嵌在绿林之中，丝毫没有冬季的肃清，而是更加艳丽缤纷。

高空俯视，漫山的红叶，伴着云雾，嵌在绿林之中

A B
C D
E F

凹凸林冠

在森林垂直梯度上，林冠能够通过对光照的吸收、反射、透射和散射，直接或间接影响林冠中的光照强度与分布。而光照是木本植物幼苗个体生长和存活的关键因素之一，林下光照分布异质性越强，容纳的物种多样性和功能多样性就越高。热带雨林的特点之一就是具有垂直结构十分丰富的森林群落，参差不齐的林冠中蕴藏着雨林物种多样性的奥秘。

A
B

俊秀山川·旖旎风光

琼岛诸山各有灵，五指归来不看山，
吊罗归来不看水，尖峰归来不看林，
霸王归来不看树，仙安归来不看石，
黎母归来不拜神，鹦哥岭上不思归。

五指山

海南第一高山，素有“海南屋脊”之称，是海南的象征、海南的名片，其中五指山二峰 1867 米，是海南岛的最高峰。位于海南岛中部，整个山体南北长 40 余千米，东西宽 30 千米，峰峦起伏呈锯齿状，形似人的五指，故得名。

海南热带雨林国家公园五指山片区是以保护热带雨林生态系统、珍稀动植物资源及其栖息地为主的森林生态系统类型自然保护地，是海南岛海拔高差大、植被垂直带谱完整、热带植被类型多、雨林群落典型的自然保护地之一，生物多样性十分丰富，保存的典型热带雨林是海南热带雨林的重要组成部分，在我国乃至全球生物多样性保护中具有重大价值。

主要景点：一是五指山蝴蝶牧场。这里为蝴蝶的栖息、生长和繁殖提供了有利条件，区内有 600 多种蝴蝶，占全国蝶种的 50%，其中 70% 为观赏性蝴蝶，具有体大、艳丽、奇异等特点。二是五指山大峡谷漂流。这里山高水长，阳光妩媚，四面青山环绕，在这里漂流不仅惊险、刺激，更是与大自然的亲密接触，令人激情澎湃。景区内古树参天，藤萝密布，奇花异草等随处可见。

地理范围：位于海南岛中部，东经 109°23′47″ ～ 109°49′31″，北纬 18°42′35″ ～ 18°59′42″，横跨五指山市、琼中，总面积 534.08 平方千米，其中五指山市境内 411.58 平方千米，占片区总面积的 77.06%；琼中境内 122.50 平方千米，占片区总面积的 22.94%。

五指山·山色　云色

山色和云色在光线的变化下五彩纷呈，宛如一幅幅画卷映入眼帘。山间的云雾林茂密苍翠，随着四季变换颜色，时而新绿，时而秋黄，宛如山体的围巾。

五指山·金色华盖

五指山山峰掩映在云雾中，
远看缥缈神秘。
在阳光下，
山顶映射出金色的光芒，
好像一顶金色华盖，
庄严又美丽。
山脉起伏如锯齿，多悬崖峭壁。
登上主峰山顶，
会有一种征服的荣耀感。
一览众山小，
俯瞰山峰遍布热带原始森林，
层层叠叠，逶迤不尽。
海南主要的江河皆从此地发源，
山光水色交相辉映，
构成奇特瑰丽的风光。

五指山·水景

五指山孕育了无数河流湖泊，密如蛛网的河流，星罗棋布的湖泊，塑造出丰富的地形地貌，影响着全岛的气候，主宰着海南岛的水系形态，为动植物提供不竭的水资源。五指山的水系十分发达，在山体的岩石之间，发源于山顶的溪水潺潺而流。

五指山 · 云雾林

热带云雾林山风强劲、湿度较大、气温较低，常笼罩着云雾，土壤含水量多处于饱和状态；树木普遍矮小纤细，树干常弯曲，但多缺乏板根，植株密度较大，附生植物丰富，藤本植物较少；物种普遍矮小，小径级的物种居多。

A

B

五指山·彩虹

五指山

苍苍翠翠占长春，一掌舒空庇万民。
愿向汉宫承玉露，勤于琼海指迷津。
常悬日月摩挲久，每拂云霞变幻新。
遥望巨灵撑半壁，惭余政拙籍为邻。

清·韩祐

五指山·星空

入夜后的五指山更增加了它的神秘，
透过茂密的丛林看到浩瀚的星空，
苍穹中绽放异彩的繁星，
透露出无限的神秘与美丽，
伴随着阵阵虫鸣，
雨林更显宁静、安详，
斗转星移，满天繁星。

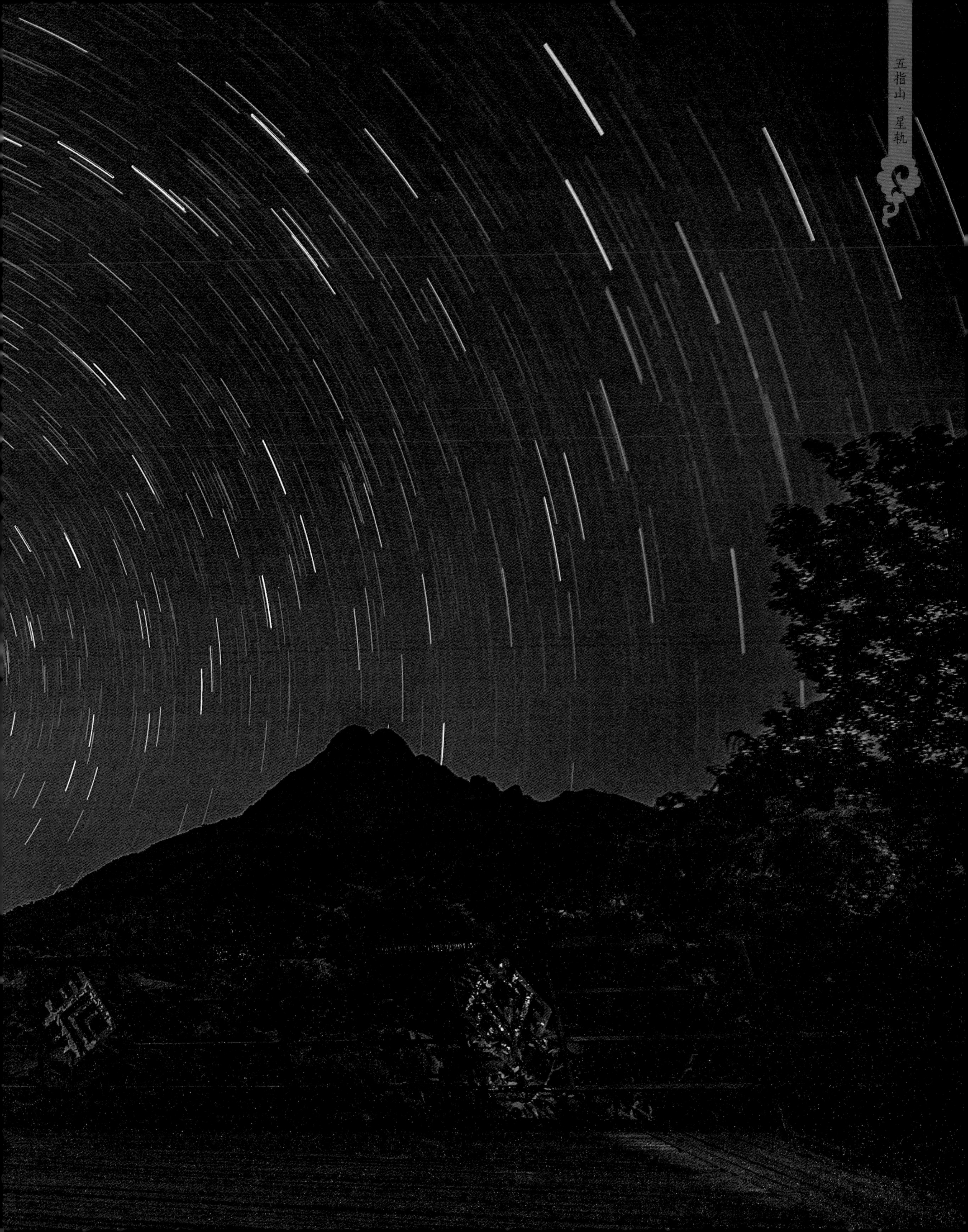

五指山·星轨

牙胡梯田 绿波荡漾

牙胡梯田地处海南五指山市毛阳镇牙胡村，约有1100亩，紧邻鹦哥岭片区，呈五指纹螺状，从高处望去，梯田的优美曲线，平行或交叉，披岚似云塔，被人们誉为『海南第一梯田』。

七彩牙胡梯田

五指山的牙胡梯田覆盖众多山冈，其线条行云流水，潇洒柔畅，显示出动人心魄的曲线美。日出之时，升腾起的金光为这柔美的线条勾出金边，自然与人力之美、融合共生，绝美壮阔。

早晨的牙胡梯田，晨雾缭绕，蒸腾的云雾，渺渺的山峦，婆娑的树影，恰似人间仙境。从空中俯瞰，层叠错落、整齐划一的梯田在逆着光的镜头里变换着光影，像是振翅的蝴蝶。一根根线条在流动，一层层色彩在穿越，如梦如幻。站在梯田的最高处放眼望去，只感觉到脚下层层叠叠的梯田如潮水般涨落，以排山倒海之势奔涌而来，纵横捭阖，酣畅淋漓，呈现出一种粗犷的美。

五指山

五峰如指翠相连，撑起炎荒半壁天。
夜盥银河摘星斗，朝探碧落弄云烟。
雨霁玉笋空中现，月出明珠掌上悬。
岂是巨灵伸一臂，遥从海外数中原。

明·丘濬

五指山 · 云海

日出东升神光照，
疑似云海有仙来。

五指山·顶峰日出

繁星渐没，天空开始泛白，清晨的五指山完全被云雾笼罩，远处的山峰若隐若现，渐渐地在远处地平线附近裂开一条缝隙，偶有阳光从云缝中斑驳透出，依稀染黄了局部的山峦。

太阳逐渐跃出云层，朝阳的光辉一撒，云纱逐渐变得透白，映着黛色的山峦，使人感觉仿佛置身水墨画中。

雨林开始苏醒，山林间虽不闻人语，但却热闹了起来。

太阳越升越高，云层翻滚着不愿散去，立于此间，顿觉『云从脚下生，人在太空游』。

鹦鹉嘴

鹦哥岭

相传在鹦哥岭曾经生活着成千上万只绯胸鹦鹉，人们把鹦鹉叫鹦哥，这片大山就被叫作鹦哥岭。

绯胸鹦鹉

鹦哥岭有湿润雨林、季风常绿阔叶林、山地常绿落叶阔叶混交林、典型常绿阔叶林、落叶季雨林、半常绿季雨林、山地雨林、热性常绿针叶林、山顶常绿阔叶矮曲林的完整垂直谱带，并零星分布有热带性竹林、典型常绿阔叶灌丛。

鹦哥岭位于海南岛的中南部，是海南热带雨林国家公园的枢纽，具有海南陆地森林生态系统保护的核心作用与重要价值。辖区涉及白沙、琼中、乐东、五指山市4个市县。地理坐标为东经109°7′17.37″～109°34′21.41″，北纬18°49′29.59″～19°14′15.54″，总面积882平方千米。

鹦哥岭由于山高坡陡、交通闭塞、人烟稀少，绝大部分从未有过大规模的开发利用，表现出非常明显的原始特征，有许多地方还从未有过人类足迹，是我国十分少有的一块热带雨林处女地。

鹦哥岭原始森林

鹦哥岭·鹦哥主峰　仙气飘然

在鹦哥岭主峰上，
远处的华南五针松和眼前的猴头杜鹃互相掩映，
相得益彰。
五针松挺拔苍劲，
在薄雾中傲然挺立，
近处的猴头杜鹃在枝头灿然开放，清新淡雅。

尖峰岭 · 主峰

尖峰岭颂

信步攀游尖峰岭，
极目穿云黛湖青。
坐看仙神隐凤地，
梦忆观音踏云轻。
万代贤士华章著，
千古胜迹境域耸。
醉迷四海歌盛世，
乘风摘星傲苍穹。

本诗中凤地指鸣凤谷，四海指尖峰岭林海、云海、雾海、大海之奇景。

尖峰岭

尖峰岭主峰，岩壁陡峭，怪石嶙峋，直冲云霄，状如矛尖，“尖峰岭”因此得名。尖峰岭片区最低海拔 112 米，最高海拔 1412 米，依次分布着季雨林、山地雨林、山顶苔藓矮林等类型。这是我国物种多样性最丰富的地区之一，在物种的科属组成、结构特征和外貌景观等方面都与东南亚热带的山地植被极为相似。从植物区系的组成来看，热带亚洲成分占优势，具重要的地位，反映了它们之间热带植物起源的共同性。

地理地貌：尖峰岭片区位于海南岛霸王岭—尖峰岭山系的南段，花岗岩梯级山地和海成阶地地貌。尖峰岭片区是多条河溪的发源地，东南向的南巴河，经昌化江汇流入海；南面的望楼河经长茅水库汇流入海；西南面的佛罗河、陀伦河—白沙溪，西及西北面的感恩河、南渡江、通天河等，均独流入海。

主要景点：雨林美景、南国天池、尖峰览胜、四海（林海、云海、雾海、大海）奇观、河谷瀑布以及大元军马下营等山海相连的地理景致。周边地区至今保留着质朴的民风民俗和生活习惯，如黎族苗族“三月三”、黎族苗族歌舞、黎家婚礼等。

地理范围：东经 108°36′ ～ 109°05′，北纬 18°23′ ～ 18°52′，地跨乐东、东方 2 个市县，面积 679 平方千米，占公园总面积的 15.91%，其中核心控制区 505 平方千米，一般控制区 174 平方千米，森林覆盖率 98%。

尖峰岭·天池

尖峰岭天池位于尖峰岭海拔800米的高山盆地，距离海岸线25千米。年均气温20摄氏度，四周有18座绿浪接天的千米奇峰环抱，600亩高山湖泊碧波荡漾，一尘不染，是热带雨林里海拔最高、面积最大的高山湖，四周雨林常青，水常蓝，是名副其实的生态湖。南天池群山环绕，一碧万顷，是传说中的南海观音沐浴净身圣地。

尖峰岭

云迷雾锁架长虹，
稳坐天涯碧海中。
雨后一声霹雳响，
尖峰耸起刺苍穹。

尖峰岭山影

峰顶笔直尖削，崎岖险峻，
但却苍翠秀丽。
山上树木郁郁葱葱，
奇花异卉点缀其间，
又使雄伟的山体不失秀美。

A B

赞霸王岭

雄奇霸王岭，云海腾蛟龙。
旷世雨林繁，天界紫霄宫。
热带生物库，琼岛栖猿灵。
绮丽秀寰宇，瞰步游仙境。

霸王岭

相传霸王岭常有黑熊出没，可经常听见黑熊的叫声，声音与狗的叫声相似，在黎族语言里“狗”的发音为“坝”，故当地黎人称此岭为“坝汪岭”，意思是“狗叫的山岭”，后来慢慢习惯就写成了“坝王岭”，后又改名为“霸王岭”。霸王岭片区位于海南岛西南部，北部、东部与白沙接壤，西部与昌江相连，南部和东方相邻。

森林植被主要由热带季雨林、热带低地雨林、热带山地雨林、热带针叶林和热带云雾林等组成。野生动植物资源丰富，被人们称为“绿色宝库”“物种基因库”。区内有全国保存最为完好的热带雨林，有闻名遐迩的海南长臂猿、奇特的水文景观、鬼斧神工的奇石怪岩、神秘无比的洞穴构造、漫山遍野、四时烂漫的各种花卉和浓郁的黎族风情。

区内有雅加大岭、七差大岭、黄牛岭三大山脉，中间分支山脉纵横交错，总体上看形成了七差流域、王下流域和白沙流域。地势南高北低，地形复杂，多为山地，山谷纵横，山谷内多有小溪，溪流落差大。区内分布有海南第三高峰——猴猕岭，海拔 1654.8 米；海南第四高峰——黑岭，海拔 1560 米。区内成土母质多为深厚的红色风化壳，土壤以砖红壤为代表类型。

地理范围：北纬 18°48′～19°12′，东经 108°55′～109°17′，国家公园面积 882 平方千米。

从高空俯视，霸王岭山脉横亘在大地之上，其上云雾缭绕，如同变幻莫测的仙境。彩彻区明，群山在云朵的掩映下忽明忽暗，仿佛变幻出岁月的沧桑。苍翠的雨林宛如绿毯一样覆盖在山体之上，好一幅生机勃勃的自然美景！

六月二十七日望湖楼醉书

黑云翻墨未遮山，
白雨跳珠乱入船。
卷地风来忽吹散，
望湖楼下水如天。

宋·苏轼

霸王岭·霞光

太阳躲在山的背面，朝霞从山后边喷涌而出，四野都染成了猩红色。蓦地，太阳急匆匆从火焰里蹦出，圆嘟嘟，红彤彤，冉冉升起。随着太阳升高，彩霞浓淡迅速变化，最后变成了灼热的光芒。太阳也由通红变幻成了金黄，又蜕变成银亮。此时，犹如无数支彩笔在霸王岭上急速涂抹，或浓墨重彩，或轻描淡染，一勾一画中，色彩迥然变幻，霸王岭或显得妖娆绮丽，或呈现出雄壮奇伟，让人在目不暇接中惊叹不已。

晨曦暮光霸王岭

黎明静悄悄，远处的霸王岭静谧沉稳，
昌化江中鲤鱼翻身打挺儿溅起了涟漪，
林间熟透的芒果落地而发出的一声闷响，
春意里，木棉花次第开放。

大地的指纹·霸王岭宝山梯田花海

每到春天，木棉花盛开的季节，碧绿的宝山梯田和红艳的木棉花水乳交融，互相映衬。霸王岭山脚下，开阔平展，碧野里阡陌纵横，村落星罗棋布，平静安逸的乡野气息恰好与庄重的山形相映成趣，又浑然一体。

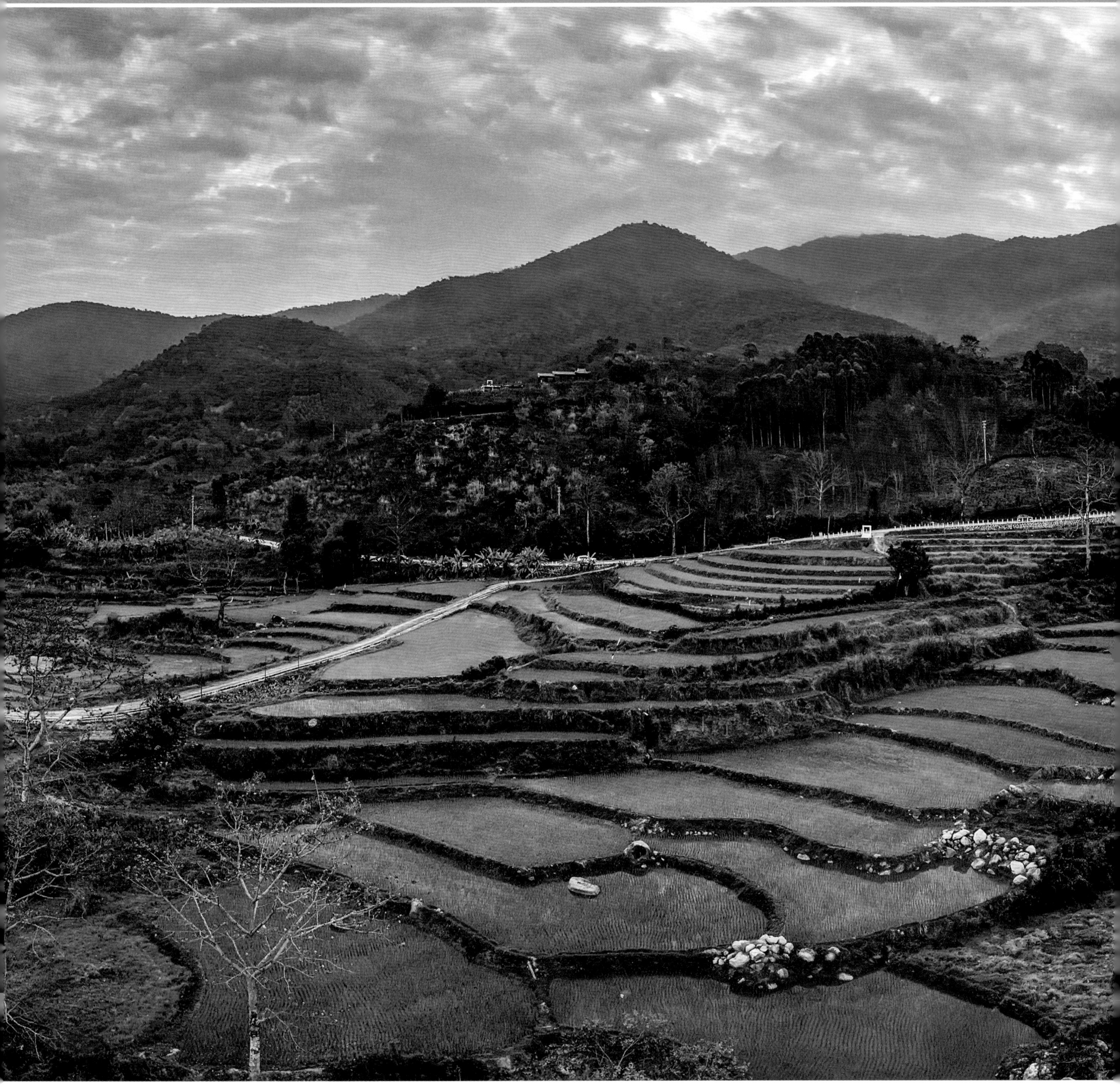

花开霸王

山中有村，村中有景，景中有花。

隋代昌化县治在今河口北侧，昌化江因此得名，也称昌江，是海南岛的第二大河。发源于海南岛五指山山脉北麓的空示岭，横贯海南岛的中西部，河流自东北向西南流过琼中、五指山，在乐东转向西北，最后从东方穿过昌江的昌化港西流入南海，在入海口冲出一个广阔的喇叭口。

渺渺雾中花·昌化江畔

昌化江畔，
木棉树沿江矗立，
火红的木棉花掩映在雾色中，
仿佛仙境一般。
江水浩浩荡荡向西流去，
诉说着昌化江经年累月的故事。

A
B

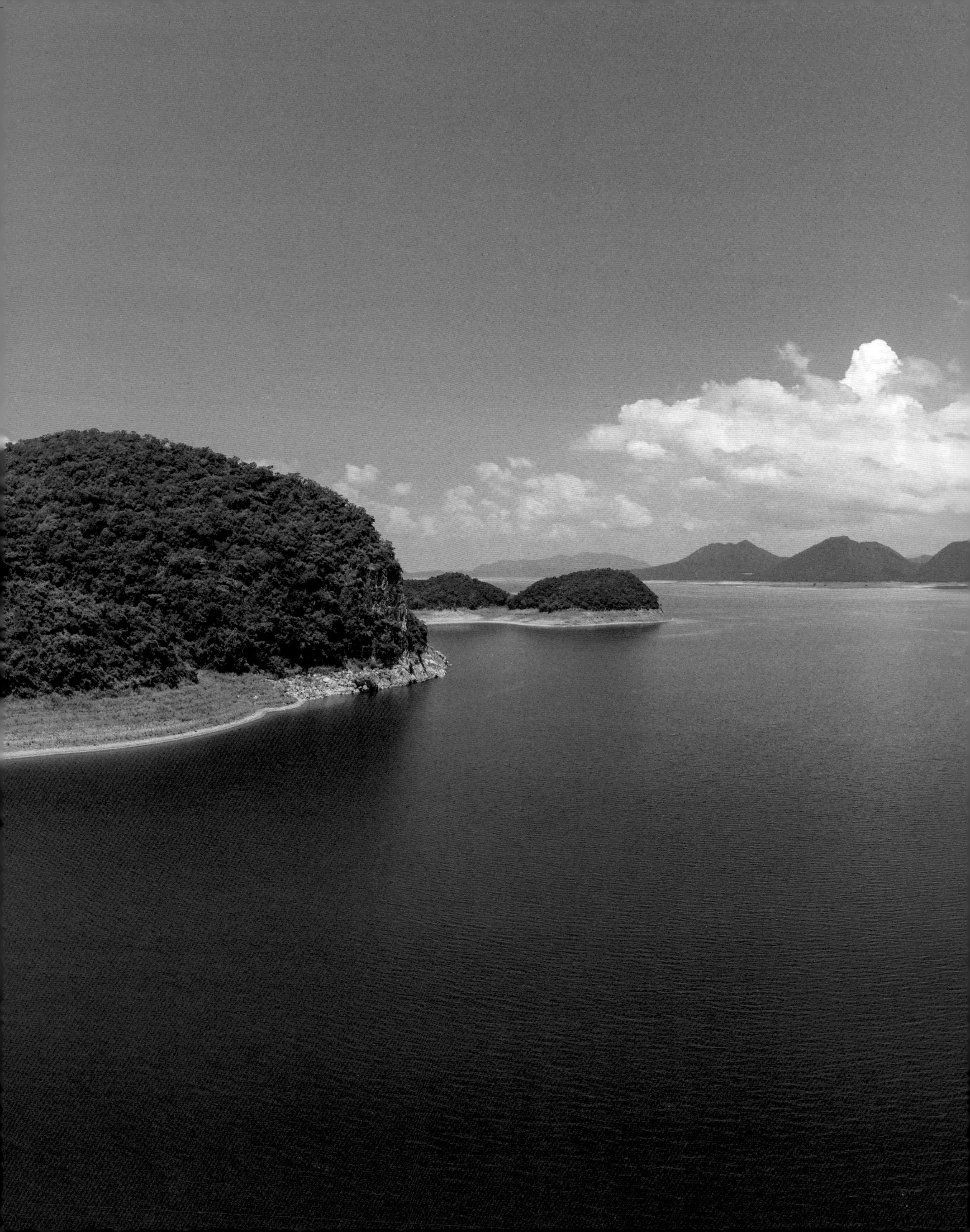

大广坝·小桂林

大广坝水库气势磅礴，水库湖面100平方千米，高程144米，是海南第二大水库，坝长近6千米，是亚洲第一大土坝。这里有中国早期的水电站遗址，是日本侵华掠夺我国资源的历史罪证。

库区风景秀丽，湖光山色，碧波万顷，又被誉为东方的『天然公园』，天气晴朗时从远处望去，波光粼粼的湖面倒映出群山，宛如一面镜子。桂林山水甲天下，而俄贤岭的余脉小山出露在大广坝水面之上，形成了『小桂林』的绝美景观。

俄贤岭小桂林·渔趣

晨捕

晨风吹落满天霞，海燕来回剪浪花。

水涌金光迷眼处，橹声响起是渔家。

俄贤岭小桂林·渔趣

船归

无风海面浪波闲，望见归帆入海湾。
阵阵笑声惊水鸟，渔姑港岸尽开颜。

俄贤岭小桂林

都说“桂林山水甲天下”，在海南省东方市广坝乡境内的俄贤岭，因为风光秀美，山水情调独具韵味，也被誉为“小桂林”。在昌化江中游的东北岸，俄贤岭如同一条巨龙般横亘绵延数里，山腰上林木翠绿，繁花似锦，令人流连忘返。

山体是典型的喀斯特地貌，山峦如斧砍刀劈，大片灰白的石壁，点缀着绿色的植物。昌化江的江水从山下流过，连绵数十里入海。河水仿佛一面明镜，映照着夕阳余晖下的天色，静谧却又蕴涵勃勃生机。江畔的密林、湿地紧依在山脚下，野芳发而幽香，佳木秀而繁荫，好一幅山水相映的画面。

俄贤岭星空

天净沙·七月（节选）

碧天如练，

光摇北斗阑干。

元·孟昉

俄贤岭·夜幕群山

夜幕下的俄贤岭群山沉默不语。在这样的夜色中，万籁俱静，唯有几声虫鸣。一轮新月高挂于夜空之中，静谧的月光洒向湖面，静静诉说着时光的往事。

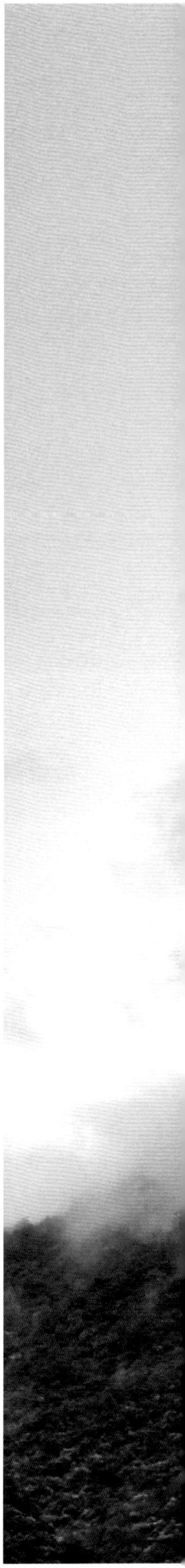

崔嵬雄俊·俄贤岭

俄贤岭为喀斯特地貌，主峰崔嵬雄俊，破云而出。凹处怪石林立，嶙峋险峭，颇具立体感。顶端的东南面，有一瀑布飘然而下，跌落在一堆乱石上，飞花碎玉，而后叮叮咚咚荡入石峦崖，在阳光的照射下，时而霓裳飘带，时而雪帕银练，迷离恍惚，奇幻绚烂。

俄贤岭山脉

远古的地质时期，俄贤岭经历了多次板块构造运动，致使俄贤岭部分地区不断抬升并断裂变形，裸露出大量的石灰岩，逐渐形成了这一独特地形特征。随着这独特的生境地貌为世人所知，游客纷至沓来，无不啧啧称奇。

大自然从不吝啬于创造奇妙，位于霸王岭片区的俄贤岭便是最好的印证。它位于昌化江中游的东北岸，由西北向东南盘旋曲折，犹如巨龙直冲云霄。

在郁郁葱葱的热带雨林地区，竟然存在着一片崔嵬雄俊、嶙峋险峭的石灰岩峭壁，这种独特的喀斯特地貌与树木参天的热带雨林原始森林在俄贤岭达到了完美的结合，不仅风光独特，物种丰富度也令人惊叹，堪称海南山岭中的精华。

A
B

昌江王下俄贤岭岭口风光

松林如盖，葳蕤茂盛，太阳坠到远山之际，云海雾霭顿时晃动起来，泛着霞光的云浪汹涌腾奔。那色彩缤纷的晚霞像无数条彩练，从太阳里飞出，从波浪中升起，从云朵上飘落，一起在天地间飞扬舞动，整个世界斑斓炫目，光彩夺人。俯瞰山下，迷蒙在雾霭里的俄贤岭时隐时现，犹如置身于幻境中。忽然，岚风从脚下升起，天地间轻飘飘的，像是踩在云端之上。这时再俯视俄贤岭，感觉分外孤高峻拔。

十里画廊

十里画廊，一里更比一里奇；南尧河，一湾更胜一湾秀。可以想象若能在河中悠然泛舟，脚下是南尧河水的清净，两岸是俄贤岭喀斯特地貌的奇秀，行船其间，犹如在仙境里穿行。

十里奇秀

十里画廊风景独特奇秀，一边是山崖的奇、险、峻，崖岸高耸，壁立千仞，垂直而下，上有千奇百怪的各种图案，红、黑、黄、绿相间；一边是小河的清、净、爽，河道曲折，水流湍急，河水时而在山脚穿行，时而隐匿在深峡奔涌。

南尧河

昌化江支流，发源于昌江、白沙、乐东交界的金沟岭、毫岭、狗岭、猴猕岭、仑岭、南发岭和尖峰岭。全长 41 千米，干流域集雨面积 371 平方千米，平均坡降 0.091，总落差 1347 米。

南尧河共有南碧、三派、钱铁、郎伦、洪水、荣免、南在等 7 条小河汇集。

皇帝洞前，可以看到南尧河最为雄壮的一段。小河弯弯曲曲，顺流而下便是著名的大广坝，河两旁是茂密的森林和奇形怪状的石头，景色别致。顺流而下十里，都是悬崖峭壁。峭壁上有自然生成的各色图案，有的像动物，有的像人，有的像树木……

五勒岭

昌化江南部王下乡原牙迫村南尧河畔五勒岭，于十里画廊沿岸，山体隆起，岭上山体侵蚀露出大片岩石，包裹在葱葱绿林间，其间暗藏洞天，著名的皇帝洞便在岭下，变幻多姿，令人称绝。

皇帝洞

皇帝洞依山傍水，洞外群山环抱，层峦叠嶂，流水潺潺；洞内钟乳石成群，洞口处于南尧河边，远处眺望，像一头张着口的大水牛，似要吞天。1984年，文物工作者在洞内发现了古代遗物，并采集到距今约6540年的动物化石，以及新石器时代的石刀、石斧等，青铜时代的泥质红陶樽、瓮、罐和青铜器残片等。

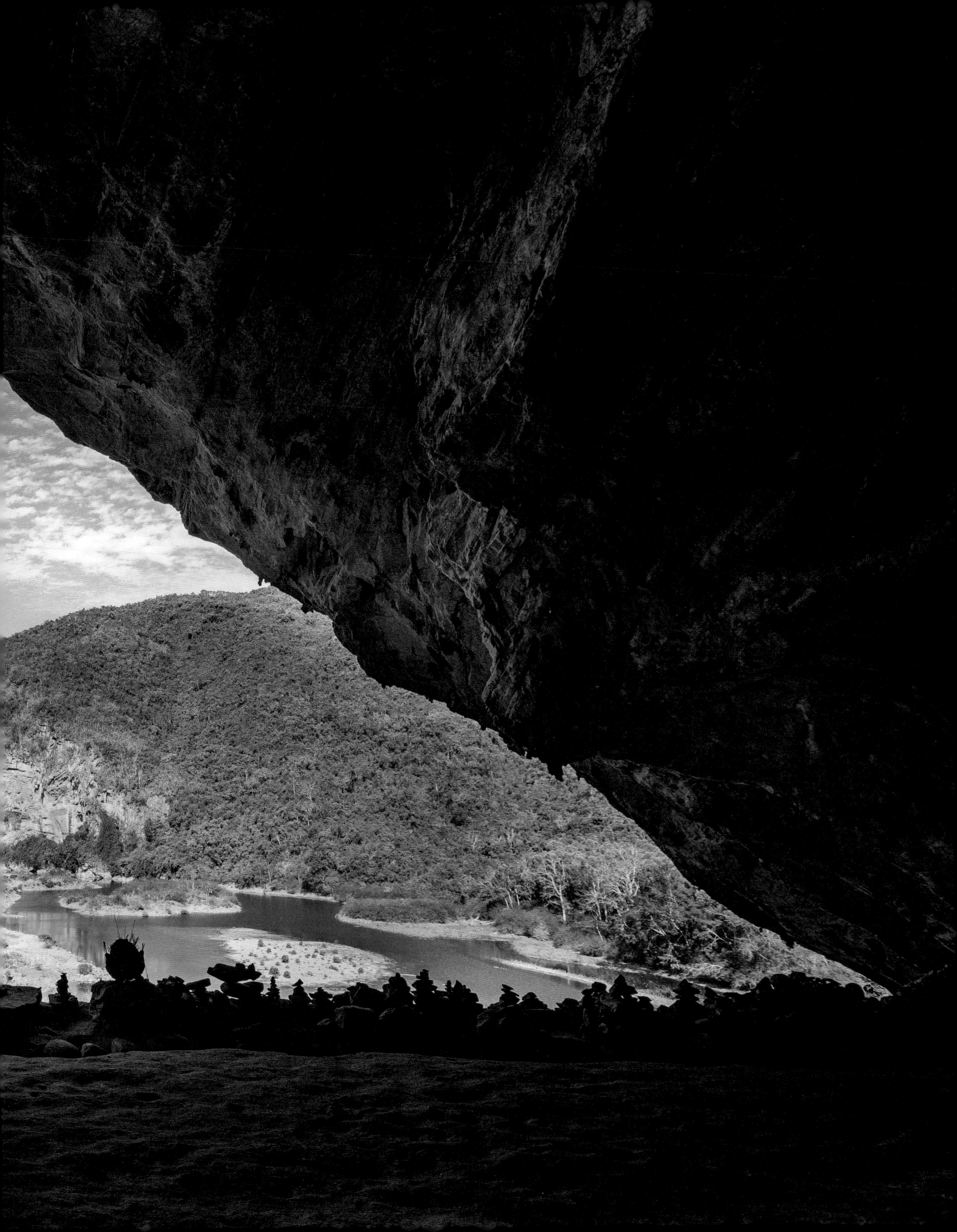

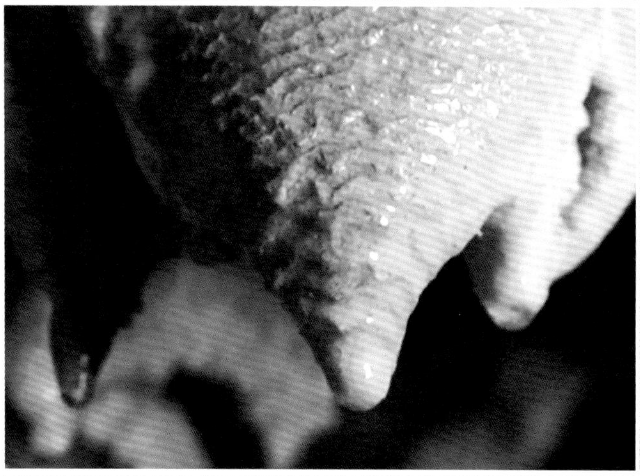

A
B C
D

钟乳石笋　栩栩如生

溶洞里岩石千姿百态，有的像盆、盘、板、柱、刀、锥、枕、席，有的像牛、羊、鸡、狗、虎、鹿、龙、凤，有的又似罗汉金刚、天将玉女，还有的刻画出山水画卷、神树珍蘑、龙鳞兽齿……犹如匠人精雕细琢，惟妙惟肖。

A
B

吊罗山

吊罗山名称的背后是一个神话故事。天神为惩罚破坏生态的人类，降下旱灾。勤劳勇敢的苗族青年南喜，为了拯救乡邻百姓，历尽艰险，攀爬到1499米高的三角山顶，跪了七天七夜，向天神求取能唤雨的神锣。天神之女“小妹”被南喜的大义和至诚所感动，从天神那里智取到神锣，下到凡界和南喜一起把神锣吊在寨子里最高的树上，敲锣唤雨。从此这里年年风调雨顺，大地恢复了往日的秀色，“吊罗（锣）山”之名也由此而来。

地理范围：东经109°40′41.5″～110°4′42.3″，北纬18°38′58.9″～18°51′0.1″，地跨陵水、万宁、保亭、琼中4个市县，面积447平方千米，占国家公园总面积的10.47%，其中，核心保护区262平方千米，一般控制区185平方千米，森林覆盖率96.26%。吊罗山是我国重要的热带雨林分布区之一，园区内分布有我国热带地区发育最盛、最接近“赤道热带雨林”的大面积连

片的低地雨林，是我国稀有的热带森林生态系统类型之一，也是我国热带雨林的典型代表。林区内气候宜人，负氧离子含量极高，被称为“中国森林氧吧”，林区内降雨量大、水资源丰富，山体起伏较大，地形复杂，形成了多河谷、多瀑布的特点，水体景观壮美独特，得天独厚。

主要景点：吊罗山不仅有“海南第一瀑”——枫果山瀑布，还有网红瀑布——大里瀑布、石晴瀑布和无名的大小瀑布上百个，享有“梦幻雨林，百瀑吊罗”“吊罗归来不看水”的美誉。除上述景观外，园区内还有海南最高避暑康养休闲度假村——吊罗山度假村、海南最美风情小镇——吊罗小镇、天湖、吊罗神树、苗王寨旧址、河谷石滩、小妹湖等景点以及低地热带雨林、山地热带雨林、沟谷雨林 3 个自然生态教育基地。

A B
C D

梦幻雨林·百瀑吊罗

吊罗山水系的丰富令人惊叹，从高大落差的壮观大瀑布到层层叠叠的流水瀑布，各式各样，各有风情，其间石臼参差，绿树围绕，清凉之意沁人心脾，不得不说『吊罗归来不看水』绝无虚言。

黎母山

题黎母山

黎母山头白玉簪，古来人物盛江南。
春蚕食叶人千万，秋鹗凌云士十三。
去日黄花香袖满，归时绿柳映袍蓝。
荒山留与诸君破，始信东坡不妄谈。

宋·苏轼

黎母山

自古以来被誉为黎族的圣地，黎族人民的始祖山。古代星宿学家与地学家认为，天上二十八宿之一的女宿对应着黎母山，故古称“黎婺山”。黎母山是海南岛绵延最长的一组山地，整组山地位于岛中部偏西南一带。以琼中与白沙、五指山市交界地带的鹦哥岭为主体，其余部分向东北延伸至琼中境内的黎母岭，向西南延伸至琼中与白沙及东方交界地带，长约 80 千米，宽约 13 千米。

地理地貌：黎母山片区属高山地带，境内山脉由五指山的支脉伸展而成，走势由西南向东北，即自西部的鹦哥岭向东伸展，整个山脉连绵百里，广袤无垠，起伏较大，主山脉通过林区中部，主要山峰有黎母山（1412 米）、三青林岭（1062 米）、鹦哥傲（1006 米），一般山峰海拔 600 ～ 1000 米，高度差 400 ～ 1300 米，低山海拔 300 ～ 600 米，高差 300 米，且多为丘陵地形，坡度 20 ～ 35 度，间有小盆地和河谷。

主要景点：有黎母庙、黎母石像、石臼、曲岭谷林园等。这里山高林密，雨水丰富，风光奇特，四季如春，素有“黎人之祖”“海岛之心”“三江之源”“沉香之冠”等美称。

地理范围：位于海南岛中部琼中境内，东经 109°31′ ～ 109°49′，北纬 18°54′ ～ 19°14′，国家公园面积 503 平方千米。

黎母山日落

一轮红日即将埋入远处的黎母山脉，绵延的山峦此时都沐浴在夕阳的金光之中，光线穿过傍晚的空气和树林，为万物蒙上了一层恬静的光彩。

黎母天光

绵延的黎母山群峰间，太阳炽烈而清澈的光线从云层之中透出，在空中的水气映射下呈现一道道分明的光束，神圣而静谧。群山和湖水，也因为这样的光芒显得格外澄明。

黎母山星空

黎母山的夜空清纯幽静，没有月亮的夜晚，夜色黑里带蓝，蓝幽幽的，像蓝色的勿忘我。它使你感到夜的静谧、夜的温柔、夜的悠远和亲切。

A
B
C

黎母山石臼

石臼是岩石河床被水流冲蚀而成的深穴，它分布在石质河床基岩节理交汇点或破碎处，水流使之成为坑洼；坑洼里的砾石在流水的带动下旋转、撞凿和磨蚀坑壁，使坑洼不断扩大和加深，最终形成深度和宽度达数十厘米至数米的深穴。海南岛也有天然石臼，它们大多分布在河道上，丰富多样的形态造就了独特的地质景观。黎母山间遍布各式石臼，其形态各异、大小不一、深浅不同，历经岁月的雕饰，与周边的环境已融为一体，形成一道道奇特的自然景观。

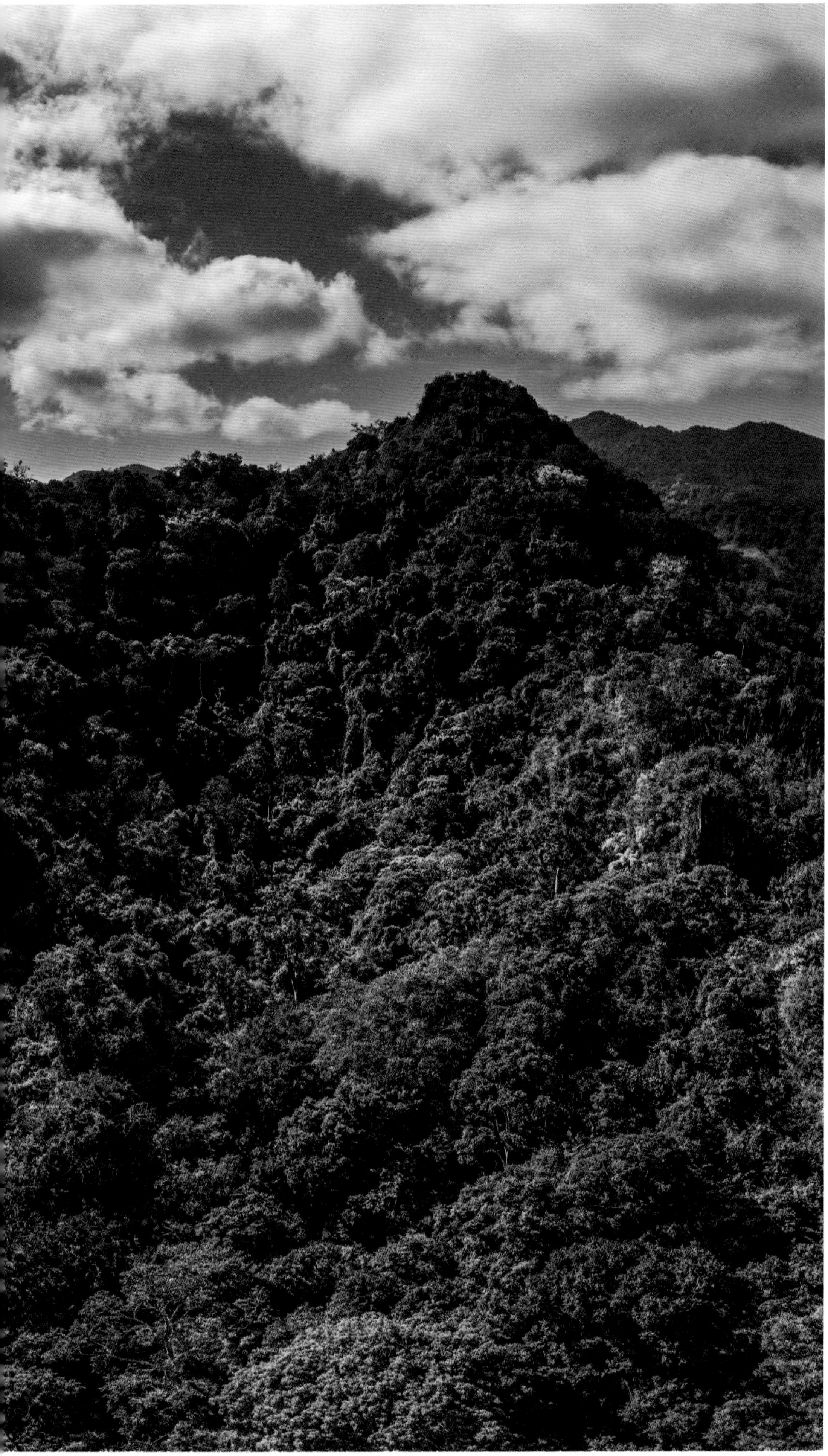

毛瑞

海南热带雨林国家公园毛瑞片区位于保亭西北部、乐东东南部、五指山市西南部交界山区，地跨保亭、乐东、五指山市 3 个市县。坐标为东经 109°23′28″ ～ 109°34′34″，北纬 18°36′32″ ～ 18°41′36″，管辖面积为 368 平方千米。

毛瑞片区处于五指山山脉的西南支脉，海南岛南部山区丘陵亚区的琼中混合花岗岩山地丘陵区，为中度切割的侵蚀剥蚀穹形低山——高丘陵地貌，公园四面环山，四周高，中间低，向北面沿河流形成狭长出口。境内大部分地貌为山地、丘陵，海拔 450 ～ 600 米，最高山峰马咀岭海拔 1317 米，牙日岭 1284 米，福农岭 1037 米，哥分岭 1223 米，分界岭 1207 米，亲爱岭 880 米，仙安岭 700 米。

毛瑞片区内主要河流有毛庆河、红水河等，红水河流入毛庆河经保国河，注入昌化江，最后流入南海。

仙安石林

石林歌（节选）

嵯峨青嶂倚云边，窈窕丹台开鬼斧。
旌旗摇曳立天门，刀剑森严拥万户。

清 · 徐炜麒

仙安石林位于海南热带雨林国家公园毛瑞片区的仙安岭上。从远处望去，密集如狼牙般的仙安石林，参差起伏，百余尊石芽，一行行一列列，直指云霄，高耸入云；近处细看，溶沟似刀劈斧砍，不仅如此，石林脚下的山底中更是溶洞密布，洞中有洞，往复曲折，洞与洞之间蜿蜒相通，遍布钟乳，洞下还有河，可行木舟。可见大自然的鬼斧神工令人叫绝，它巧妙地将山、石、洞、崖、林和溪融为一体，景致丰富多彩，魔幻瑰丽。

这绝世奇观的形成是由于亿万年前地壳运动，使得海水中的碳酸盐岩石暴露于空气中，又历经了千万年的自然溶蚀、流水侵蚀及岩石本身重力崩坍等综合作用，在地表形成峰林、峰丛和石林等奇特地貌，而地下则形成了溶洞和地下河。

地处热带的仙安石林风光旖旎，天然植被覆盖率更是高达 70%，呈现出热带低山雨林景观，填补了中国热带岩溶石林地貌的空白，富有重要的科学价值。

仙安石林·怪甲全岛

仙安石林是我国首次发现的由山顶剑状、针状奇石组成的喀斯特石灰石森林。

远远望去，密集如狼牙般的石林，行行列列，直指蓝天，高耸入云，来到近处细看，只见重峦叠嶂，起伏峥嵘，最高的石笋有35米，常见石笋为4至6米，形状千姿百态，怪石嶙峋，这是大自然的杰作，令人叫绝，怪甲全岛，令人神往心驰。

仙安风骨

千姿百态的石林，由天地造化，峥嵘神奇，险峻挺拔，在大自然赐予的苦难中，凝聚演绎成一道风景，升华为一种精神、一种寓意、一种象征、一种神圣。

A
B

孟志军	7，9，11，19，29，39，41，43，45，47，63，64，65，67，75，79，87，91，121，123，125，127，157，159，165，191，193，195，197A，197B
宋希强	32，33A，33B，34，35，55，150，151A，151B，152，153，169，171，175，177，185
陈枳衡	1，27，41，42，43，48，49，50，52，53A，53B，72，74，75，107
吴文生	3，15，72，73，89，106，107，108，109A，109B，111，113，155
张　哲	31，59，68A，68D，68E，68F，69A，69B，137，149，179，183
王庆贵	5，13，71，77，119，129A，129B，139，141，143
钟云芳	166A，166B，166C，166D，167A，167B，188A，188B，188C，189
韩嫒嫒	117，131，133，135，136，161，162，163
张中扬	37，146，147，180，181，187
卢　刚	21，30，38，97，98，99
莫昌炼	25，96C，103，104，105，160
蔡智先	85，93，94，95，145
黄学良	52A，52B，52C，53A，53B
张翠利	173，174A，174B，174C，174D
李　禾	68B，68C
徐　威	17
陈　庆	23
李清雪	46
张运健	81A，81B
刘塬圳	96A
廖高峰	96B
米红旭	100
林　江	101

后记

这是一本展示海南热带雨林国家公园自然风光的科普图册。慢慢翻开，一张张照片展示了众多绝美绚丽的热带雨林风光，这不仅是海南热带雨林的自然本底，更是展示国家公园自然生态系统的精华所在。

我们在编写这本图册时，将其界定为“热带雨林展览”，希望化繁为简，直观生动地展示海南热带雨林的特点和不同时节的独特风光。我们从不同角度去雕刻打磨：从科研角度出发，用专业的眼光解析真实的热带雨林；从美学角度出发，用镜头记录下摄人心魄的精彩瞬间，并将其中的自然科学知识直观具象地呈现出来；从文学角度出发，通过文学的创作和凝练，提升了内容，拓宽了边界，也反映了“圈外人”为生态助力的情怀。

撰写后记之时，这本图册历经四轮排版。从前期数十位摄影师深入热带雨林蹲点，贡献了数百张美轮美奂的照片，到数十次的选图讨论和图册结构的反复梳理，以及邀请知名作家的文学创作，力求做到兼具科学性、艺术性和文学性。

值得一提的是，在本图册编写期间，习近平总书记来到海南热带雨林国家公园，并指出“海南要坚持生态立省不动摇，把生态文明建设作为重中之重，对热带雨林实行严格保护，实现生态保护、绿色发展、民生改善相统一，向世界展示中国国家公园建设和生物多样性保护的丰硕成果”，并强调海南热带雨林国家公园建设是重中之重，要跳出海南看这项工作，视之为“国之大者”，充分认识其对国家的战略意义，再接再厉把这项工作抓实抓好。

本图册的编写凝聚了诸多研究学者、摄影师、作家和研究生的努力，尽管有些景象并不是当时当地最精彩的，但也为读者奉上了一份秀色盛宴。期待本图册能够起到抛砖引玉的效果，让更多的人关注海南热带雨林国家公园的美，热爱、宣传并保护这片自然热土。

全体编者

2022 年初夏于椰城

图书在版编目（CIP）数据

海南热带雨林国家公园风景名胜图册 / 张哲，宋希强主编．—— 北京：中国林业出版社，2022.5
ISBN 978-7-5219-1688-1

Ⅰ．①海… Ⅱ．①张… ②宋… Ⅲ．①热带雨林—国家公园—海南—画册 Ⅳ．① S759.992.66-64

中国版本图书馆 CIP 数据核字 (2022) 第 085851 号

海南热带雨林国家公园风景名胜图册
策划编辑　刘家玲　张衍辉
责任编辑　张衍辉　葛宝庆　伏爱兰
装帧设计　高　瓦

出版：中国林业出版社 · 国家公园分社（自然保护分社）
　　　海南出版社
地址：北京市西城区刘海胡同 7 号 100009
　　　海南省海口市金盘开发区建设三横路 2 号
网址：www.forestry.gov.cn/lycb.html
电话：（010）83143521 83143612
制版：北京鑫恒艺文化传播有限公司
印刷：北京雅昌艺术印刷有限公司
版次：2022 年 5 月第 1 版
印次：2022 年 5 月第 1 次
开本：787mm × 1092mm　1/8
印张：26
字数：100 千字
定价：375.00 元